Maji Bila Ukomo

John Bosco A. Mihigo

E & D Vision Publishing

Dar es Salaam

E & D Vision Publishing Ltd
S.L.P. 4460
Dar es Salaam
Barua Pepe: info@edvisionpublishing.co.tz
Tovuti:www.edvisionpublishing.co.tz

Maji Bila Ukomo

ISBN 978-9987-735-17-4

Yaliyomo

Maji ni kitu gani?

Maji ni kioevu tunachopata kutokana na mvua. Binadamu hutumia maji kwa shughuli nyingi sana. Kunywa, kufua na kuoga ni shughuli za kawaida za kila siku.

- Maji ni mang'avu; yaani, hayana rangi na yanapitisha mwanga
- Maji hayana ladha
- Maji hayana harufu

Je unajua?

Maji yameundwa kwa elementi mbili. Elementi hizi ni hidrojeni na oksijeni. Hidrojeni na oksijeni zimeungana kwa uwiano wa 2:1. Kwa hiyo fomula ya maji ni H_2O.

Maji hutoka wapi?

Maji tunayoyatumia tunayapata kutoka vyanzo mbalimbali. Vyanzo hivyo ni:

Mvua

Mvua ni maji yanayoanguka matone matone kutoka angani. Hutokea wakati mawingu mazito yenye barafu yanapokutana na hali ya joto na kufanya barafu kuyeyuka na kuanguka kama matone ya maji.

Chemchemi

Chemchemi ni maji yanayotoka chini ya ardhi. Yanatokea mahali ambapo maji ya ardhini yanakutana na uso wa ardhi na kutokea juu.

Kisima

Ni shimo ambalo liko ardhini linalotoa maji. Kisima kinaweza kuwa cha asili au cha kuchimbwa. Kisima cha asili huwa pale maji ya ardhini yapo mengi. Sehemu hiyo hujengwa ili iwe rahisi kuchota maji.

Kijito

Maji madogo yanayotiririka na kufanya njia ya kudumu. Vijito hutiririka kutoka milimani.

Mto

Mto ni maji mengi yanayotiririka na kufanya njia ya kudumu. Mito hutiririka kutoka mlimani na kumwaga maji yake baharini au ziwani.

Ziwa

Ziwa ni sehemu yenye maji yaliyotulia na yasiyokuwa na chumvi. Ziwa huzungukwa na nchi kavu. Chanzo kikuu cha maji ya ziwa ni mvua. Maji yanatiririka kutoka milimani na kujazana sehemu yenye bonde. Ziwa linaweza kujazwa maji na mto pia. Maziwa mengine yametengenezwa na binadamu kwa shughuli mbalimbali. Ziwa ni kubwa kuliko bwawa.

Chunguza
Je, bahari ni chanzo cha maji?

Tunaona maji katika hali zipi?

Tunayaona maji kwenye hali tatu. Hali hizo ni kioevu, gesi na yabisi.

Hali ya kioevu

Kwa kawaida maji ni kioevu.

Yanamiminika

Yanatiririka

Huchukua umbo la kiwekeo

Hutafuta usawa wake

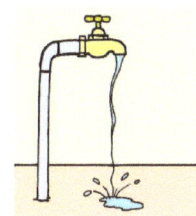

Huchuruzika

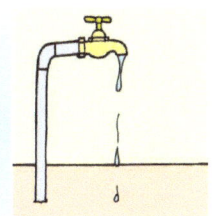

Hutona

Msemo: Maji hutafuata usawa wake

Methali: Chururu si ndondondo

Hali ya Gesi

Maji yanaweza kuwa katika hali ya gesi. Maji katika hali ya gesi huitwa mvuke. Pia yanaitwa *muyemaji.* Mvuke hauna umbo maalumu.

Hali yabisi

Maji katika hali yabisi yanaweza kuwa theluji, sakitu, barafu, mawe ya mvua au barafuto. Mara nyingi, maji katika hali yabisi yako nchi za baridi kama Ulaya. Hapa Tanzania yako juu ya Mlima Kilimanjaro.

Theluji
Theluji ni maji yaliyoganda.
Huwa ungaunga kama chicha la nazi.

Sakitu
Sakitu ni theluji inayotokana na unyevu wa angani.
Unyevu hugeuka yabisi bila kupitia hali oevu.

Barafu
Barafu ni maji yaliyoganda
kutokana na baridi kali

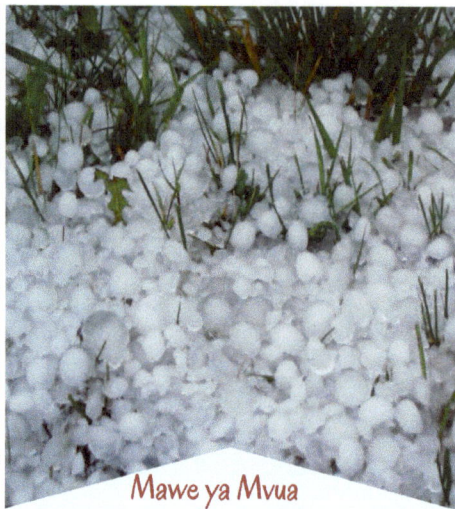

Mawe ya Mvua
Mawe ya mvua ni barafu inayonyesha
kama mvua

Barafuto
Barafuto ni barafu iliyojengeka
kwa muda mrefu. Inachukua kama miaka 100
na zaidi, barafu kuwa barafuto

Maji yana tabia zake

Maji katika hali zake tatu yana tabia kadhaa zifuatazo: huvukizwa, huchemka, huoevushwa, huganda, huyeyuka, humumunya vitu, yana mvutouso na yana ukapilari.

Maji huvukizwa

Maji yakipata joto hugeuka mvuke. Maji kuwa mvuke huitwa *kuvukizwa*. Maji ya mito, maziwa, bahari na mabwawa huvukizwa na joto la jua. Maji yakivukizwa mvuke huingia hewani na kuwa unyevu. Hatuwezi kuona unyevu ila tunaona athari zake.

Maji yanavukishwa wakati wa jua kali

Unyevu una athari zake

Unyevu angani husababisha vyuma vipate kutu. Unyevu hewani na oksijeni hupambana na chuma kutengeneza kutu.

Unyevu + Oksijeni = Kutu

Chunguza:
Ni vitu gani vilivyo nyumbani ambavyo hupata kutu?

Mkate uliopata kuvu

Umande

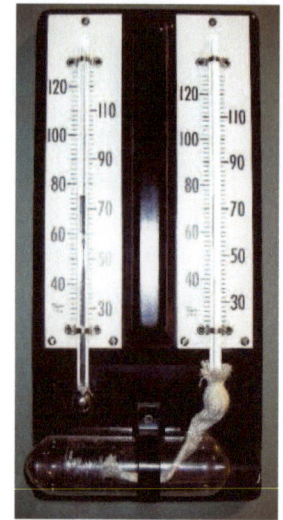
Higromita

Unyevu wa angani husababisha vyakula kama mikate, viazi na mihogo kupata kuvu. Unyevu baridi angani husababisha uoto kupata umande.

Kiasi cha unyevu angani hupimwa kwa kutumia kifaa kinachoitwa *higromita.* Higromita husaidia kutabiri mvua.

Tumia Kamusi

Kioevu, higromita, kuvu, sakitu, barafuto

Maji huchemka

Maji yakipashwa moto halijoto yake hupanda. Halijoto ya maji ikifikia 100° C maji huchemka. Halijoto ya maji yanayochemka haipandi wala kushuka. Hali hiyo inaitwa *Kizingiti cha Mchemko.* Kizingiti cha mchemko wa maji ni 100° C.

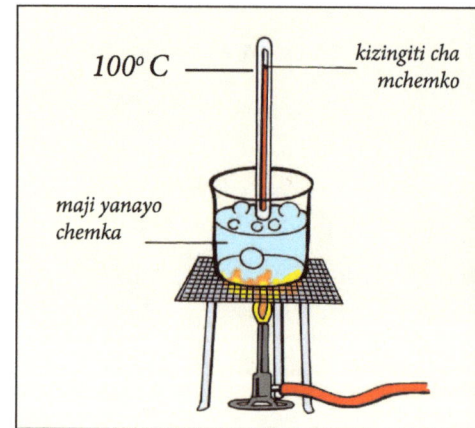
100° C — kizingiti cha mchemko

maji yanayo chemka

Maji yanapochemka, joto hutumika kuvukiza maji. Joto linalotumika kuvukiza maji huitwa *jotofiche.* Kwa hiyo, huwa halijoto haipandi maji yanapochemka kwa sababu joto linasharabiwa ili maji yachemke.

Kuchemka kwa maji hutegemea halijoto na mgandamizo wa hewa. Maji yatachemka kwenye nyuzi joto 100^0C iwapo mgandamizo wa hewa ni paskali 1.

Kila unapopanda juu ndivyo mgandamizo wa hewa hupungua. Mgandamizo wa hewa ukipungua kizingiti cha mchemko wa maji hupungua. Kwa hiyo, maji juu ya mlima Kilimanjaro yatachemka kwenye nyuzijoto 80.7^oC.

Tumia Kamusi
kufukiza, kusharabu, halijoto, nyuzi joto

Maji katika hali ya gesi huoevushwa

Mvuke ukipoa sana hugeuka maji. Hali hii huitwa *kuoevushwa.* Mvuke huoevushwa kwenye halijoto 100^oC.

Halijoto hii huitwa *Kizingiti cha mwoevuko* wa maji. Kizingiti cha mwoevuko wa maji ni sawa na kizingiti cha mchemko wa maji. Wakati wa kuoevushwa, halijoto ya mvuke haibadiliki. Mvuke unatoa jotofiche unapooevushwa. Joto hili huitwa jotofiche mwoevuko.

Chemshabongo
Kwa nini mvuke unaunguza zaidi kuliko maji yanayochemka?

Umande, ukungu na mawingu husababishwa na mvuke unaoevushwa angani. Usiku halijoto hupungua. Hewa hupoa na vitu yabisi kama majani hupoa pia. Kwa hiyo, unyevu huoevushwa na kuwa matone madogo ambayo hujikusanya juu ya majani, mawe, n.k. Matone haya hutengeneza umande.

Umande

Mawingu

Ukungu ni mawingu yaliyofanyika karibu na uso wa dunia.

Wakati hewa yenye unyevu ikipanda juu na kukutana na tabaka la juu la baridi hutengeneza mawingu. Hewa hupoa na kutengeneza matone matone ya maji yaliyoganda ambayo hujikusanya na kuwa mawingu.

Maji huganda

Maji yakipoa sana hugeuka kuwa theluji. Theluji hugeuka barafu. Maji kugeuka theluji na barafu huitwa kuganda. Maji huganda kwenye halijoto $0^{\circ}C$. Halijoto hii huitwa *kizingiti cha mgando wa maji.* Kuganda kwa maji ni muhimu sana.

Maji yakiganda denziti yake hupungua. Kwa hiyo, barafu huelea kwenye maji na viumbe hubaki chini. Katika nchi za baridi, hali hii husaidia viumbe wasigande. Viumbe kama samaki na wanyama wa aina mbalimbali hukaa chini ya maji yaliyoganda.

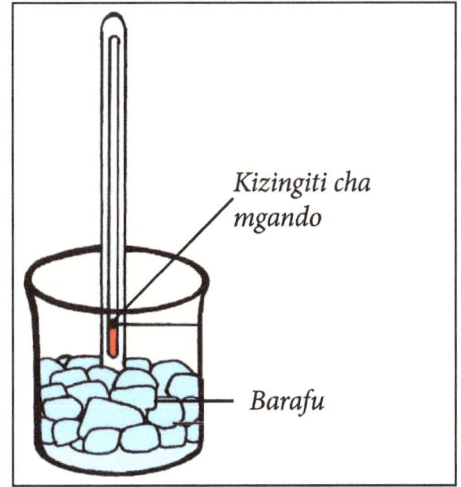

Kizingiti cha mgando

Barafu

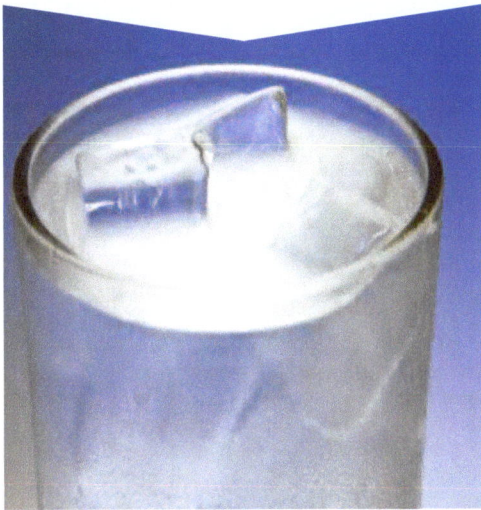

barafu ni nyepesi kuliko maji

Mnyama anayeishi kwenye maji yaliyoganda

Hapa Tanzania, sehemu za milima mirefu kama Mlima Kilimanjaro ndiyo pekee zenye barafu wakati wote. Maji yaliyoganda ndiyo hutengeneza theluji, barafu na barafuto.

Maji katika hali yabisi huyeyuka

Barafu au theluji ikipashwa joto hugeuka kuwa maji.

Barafu huyeyuka kwenye halijoto 0ºC. Halijoto hii huitwa *Kizingiti cha Myeyuko wa barafu.*

Kuyeyuka kwa barafu ni muhimu sana. Kuyeyuka kwa barafu Mlima Kilimanjaro ni chanzo cha mito mingi ikiwemo Mto Pangani, ambao una vituo vya kuzalisha umeme.

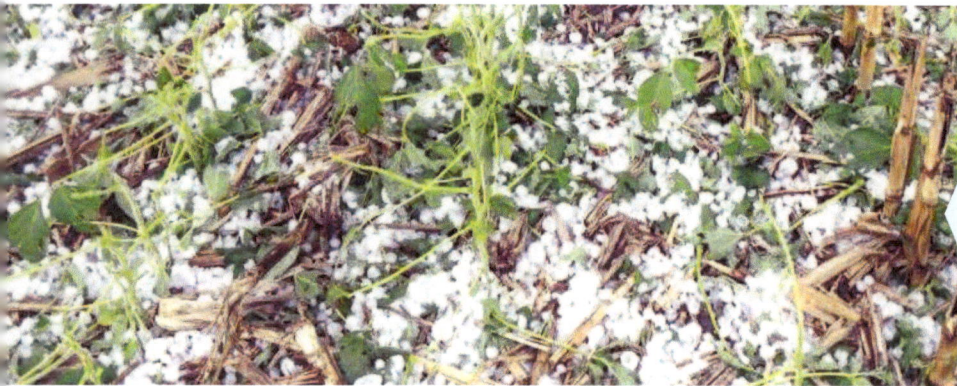

Mawingu, ambayo ni matone ya maji yaliyoganda, huyeyuka yanapokutana na hewa yenye joto na kunyesha kama mvua. Barafu yote isipoyeyuka, hunyesha kama mvua ya mawe. Mvua ya mawe inaongeza maji ardhini.

Mazao yaliyoharibiwa na mvua ya mawe

Maji humumunya

Kumumunya ni kitu kimoja kuchanganyika kabisa na kitu kingine. Maji yanaweza kumumunya vitu vingi. Ukikoroga sukari kwenye maji, sukari inapotea kwenye maji. Bali ukionja mchanganyiko wa maji na sukari utasikia ladha ya sukari. Kwa hiyo sukari bado ipo.

Hapo sukari imekuwa kimumunywa. Maji yamekuwa kimumunyishi. Mchanganyiko huo unaitwa mmumunyo. Tunasema sukari imemumunyika kwenye maji. Maji humumunya vitu yabisi, vioevu na gesi.

Sukari	+	**Maji**	=	**Mmumunyo wa sukari**
(Kimumunywa)		*(Kimumunyishi)*		*(Mmumunyo)*

Mmumunyo hauwezi kutenganishwa kwa kuchuja.

Sukari   Maji   Mmumunyo

Maji humumunya gesi. Kwa mfano, hewa ambayo ni mchanganyiko wa gesi mbalimbali, humumunywa na maji.

Viumbehai kama samaki huishi kwa sababu kuna hewa iliyomumunywa kwenye maji.

Pia, maji humumunya vioevu. Kwa mfano, siki ni mmumunya wa asidi asetiki kwenye maji. Asidi asetiki ni kioevu.

Mmumunyo una faida nyingi

Vinywaji baridi vingi ni mimumunyo ya kabonidioksidi. Kabonidioksidi ni gesi. Dawa nyingi ni mimumunyo. Mmumunyo mkubwa kuliko yote ni maji ya bahari. Bahari imemumunya chumvi nyingi.

Mimumunyo ni muhimu kwa viumbehai. Giligili kama vile machozi na mate kwenye mwili wa wanyama ni mimumunyo.

Tumia Kamusi

Siki, Asidi asetiki, Giligili, Mmumunya, Takamwili

Mate

Machozi

Maji humumunya virutubisho na takamwili mwilini. Maji hubeba virutubisho vilivyomumunywa katika sehemu zote za mmea na mnyama. Pia hubeba takamwili na kuzitoa nje ya mwili kama mkojo na jasho.

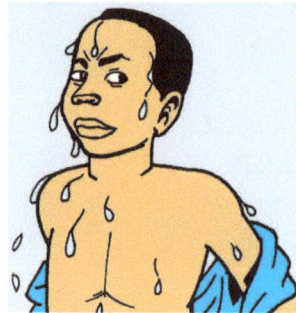

Takamwili: Jasho

Takamwili: Mkojo

Maji yana mvutouso

Mvutouso wa maji uko kama utando mwembamba. Hali hii inadhihirishwa na vitu vidogo kama wembe, pini na sindano, kuelea juu ya maji.

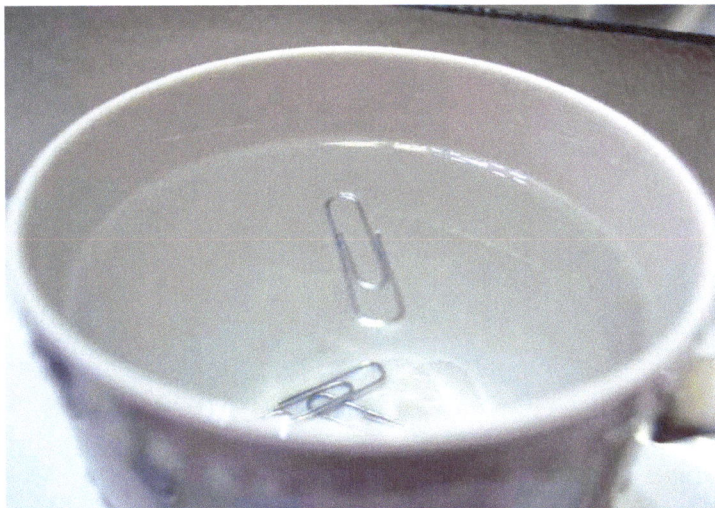

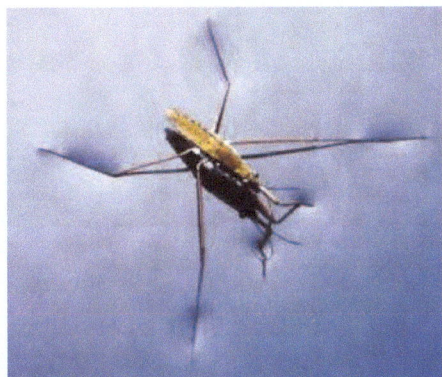

Pia, mdudu aitwaye mtambaamaji huweza kutembea juu ya maji kwa sababu ya mvutouso wa maji.

Jaza bilauri pomoni na weka misumari, msumari mmoja baada ya mwingine kwenye maji kama ilivyoonyeshwa kwenye picha. Utaona maji yanatuna juu kama vile kuna utando.

Unapoona tone la maji linatona kwenye bomba na umbo refu, hii ni kwa sababu ya mvutouso.

Chunguza

Mchanga mkavu haushikamani. Ukiwekewa maji unashikamana kwa sababu ya mvutouso wa maji.
Sabuni hupunguza mvutouso wa maji, kwa hiyo maji hupenya nguo vizuri zaidi na kutusaidia kufua.
Ukiongeza sabuni kwenye maji yenye pini au wembe unaoelea, wembe unazama mara moja.
Umegundua kwa nini wembe umezama?

16

Kuzama na Kuelea

Kuzama ni kwenda chini ya uso wa maji. Vitu vinavyozama majini vina denziti kubwa kuliko maji. Mifano ya vitu vinavyozama majini ni metali, mawe na glasi.

Kuelea ni kukaa juu ya maji. Vitu vinavyoelea vina denziti ndogo kuliko maji. Mifano ya vitu vinavyoelea ni mbao, plastiki na mpira. Vitu vinavyozama vinaweza kuelea kama vina ukumbi, kwa mfano meli iliyoundwa kwa chuma inaelea.

Vitu vyenye ukumbi huweza kuelea

17

Tunatumiaje dhana ya kuelea na kuzama?

Dhana ya kuelea hutumika katika usafiri wa majini. Meli, ngalawa, mtumbwi huelea juu ya maji na kusafirisha watu na mizigo.

Vikifungwa vielezi

Vitu vinavyozama vikifngwa vielezi huelea. Vielezi ni vitu vinavyofanya vitu vinavyozama vielee. Mfano wa kielezi ni jaketiokozi.

Vitu vikifanywa viwe na umbo la ukumbi

Vitu vinavyozama vikiwa na umbo au nafasi wazi ndani yake huweza huelea. Ndiyo maana ingawaje meli imeundwa kwa chuma na ina uzito mkubwa, bado inaweza kuelea. Hata hivyo, meli ikijazwa sana au maji yakiingia, yanazama.

Nyambizi ni meli ya kivita. Meli hii huelea majini. Ina matanki ya maji pembeni. Nahodha akitaka meli izame anajaza matanki maji. Akitaka ielee juu ya maji anatoa maji kwenye matanki.

Samaki majini nao wanatumia mbinu hiyohiyo ya nyambizi.

Samaki ana kiribahewa, akitaka kuzama anakijaza maji

Akitaka kwenda juu anaondoa maji.

Tumia Kamusi

Mvutouso, Ukapilari, Ukumbi, Kiribahewa, Jaketiokozi, Nyambizi

Maji hutumiwa na viumbehai wote. Maji huwezesha maisha kuwepo na kustawi.

Mwili unapataje maji?

Mwili unapata maji kwa njia mbalimbali, ikiwemo:

94%

90%

96%

Vyakula tunavyokula

Matunda na mbogamboga zina maji mengi. Vitoweo kama vile nyama, samaki na maharage vina maji mengi. Hata ugali, wali, viazi na mihogo vina maji kiasi.

89%

90%

95%

95%

96%

91%

Vinywaji tunavyokunywa

Vinywaji kama juisi, maziwa na chai vina maji mengi. Hata hivyo, vinywaji vingine vinaweza kuathiri afya kama vikinywewa kwa wingi. Vinywaji hivyo ni soda na kahawa.

Kiasi kikubwa cha maji tunakipata kwa kunywa maji.

Unashauriwa kunywa maji safi na salama lita 2.4 kila siku.

Mwili hupoteza maji kwa njia tatu

- **Kupumua:** hewa unayopumua nje ina unyevu. Unyevu ni maji yanayotoka mwilini.

- **Kutoa jasho:** Jasho unalotoa ni maji yanayotoka mwilini.

- **Kujisaidia:** Haja ndogo ina maji mengi. Hata haja kubwa ina maji pia.

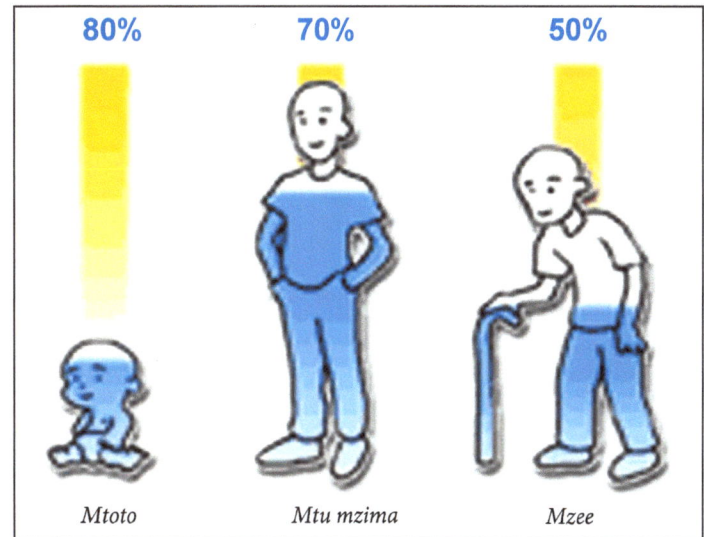

80%	70%	50%
Mtoto	Mtu mzima	Mzee

Asilimia ya maji katika mwili wa binadamu

Unajua kwamba maji ni muhimu sana?

Maji ni kirutubisho

Mara nyingi maji hatuyachukulii kama kirutubisho ingawa maji hayatoi nishati, hayajengi mwili, wala hayalindi mwili. Ila maji ni kirutubisho muhimu kwa sababu huwezi kuishi bila maji. Sehemu kubwa ya seli ya kiumbehai ni maji.

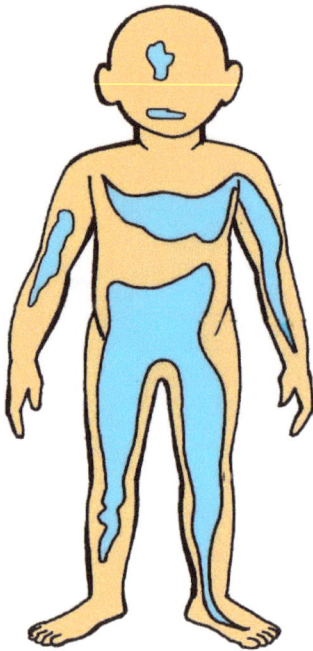

Sehemu kubwa ya mwili wa binadamu ni maji

- Maji hupeleka virutubisho, homoni, oksijeni na vitu vingine vinavyohitajika kwenye seli za mwili.
- Maji huondoa takamwili kutoka kwenye seli na kuzitoa nje ya mwili.
- Maji huondoa sumu mwilini.
- Maji husaidia umeng'enyaji wa vyakula.
- Maji husaidia respiresheni ndani ya seli.
- Maji yanapoza mwili wakati wa kutoa jasho. Yanasaidia kupunguza halijoto ya mwili wakati tunapocheza, kufanya kazi au kupanda mlima.
- Maji hulainisha viungo vya mwili.
- Mate mdomoni ambayo ni majimaji hulainisha chakula kabla ya kukimeza.
- Yanaipa seli umbo lake. Bila maji seli itanywea na kuporomoka, hatimaye kiumbe atakufa.

Baadhi ya Matumizi ya Maji

Tunatumia maji wakati wote nyumbani

Tunahitaji kutumia maji kila wakati. Tunayatumia kudumisha afya na ustawi wetu. Tunayatumia kwa wingi kujiletea maendeleo.

Kunywa

Tunakunywa maji tunapopata kiu. Wanyama pia wanahitaji maji.

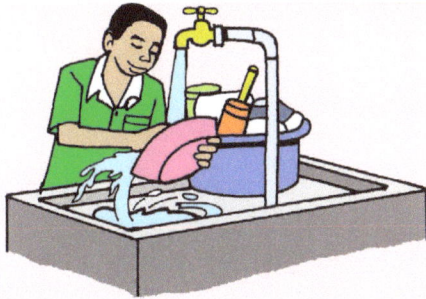

Kupikia

Tunatumia kupikia:
- Vinywaji kama kahawa, chai na uji,
- Vyakula kama wali, ndizi, na ugali,
- Kutengeneza kinyunya kwa ajili ya mandazi, chapati na mikate, na
- Vitoweo kama nyama, samaki na maharage.

Usafi

Maji hutumika:
- Kupiga deki, na kusafisha vyoo,
- Kuosha vyombo,
- Kuoga, na
- Kuosha wanyama na magari.

Tunatumia maji katika ujenzi

Katika ujenzi, maji yanatumika kwa njia mbalimbali:

- Kuchanganya mchanga na sementi, kwa kujengea na kupigia plasta au kutengenezea matofali,
- Kutengeneza matofali ya kuchoma,
- Kutengeneza na kukomaza zege,
- Kutengeneza na kukomaza, misingi, miimo, miamba na mabamba, na
- Ujenzi wa barabara, mabwawa na mifereji.

Tunatumia maji kwa wingi viwandani

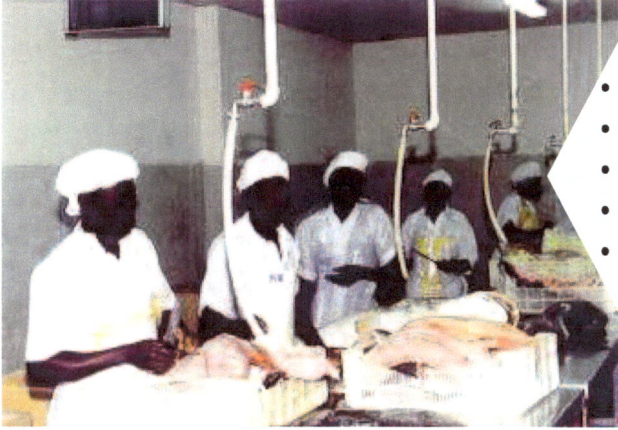

- Huchemshwa kutoa mvuke wa kuendesha mitambo
- Kupoza vyuma wakati wa kutengeneza feleji
- Kupoza hewa
- Ni malighaji katika vinywaji na kusindika vyakula
- Kufanya usafi viwandani

Maji hutumika kiwandani kusafishia samaki

Maji yaliyotumika kiwandani

Tumia Kamusi

- Tsunami
- Wimbi mkingamo
- Wimbi mtambaa,
- Respiresheni
- Bamvua
- Pande kinzani
- Majimafu
- Homoni
- Miimo
- Mabamba

Tunafua umeme

Maji yanatumika kufua umeme. Umeme unaofuliwa kwa kutumia maji huitwa *umememaji.* Katika kituo cha umememaji, bwawa hujengwa. Maji hujikusanya kwenye bwawa. Maji ya bwawa yakiachiwa yanazungusha rafadha. Rafadha zinazungusha jenereta. Jenereta zinafua umeme. Umeme unasafirishwa kwa nyaya kwenda kutumika nyumbani na viwandani.

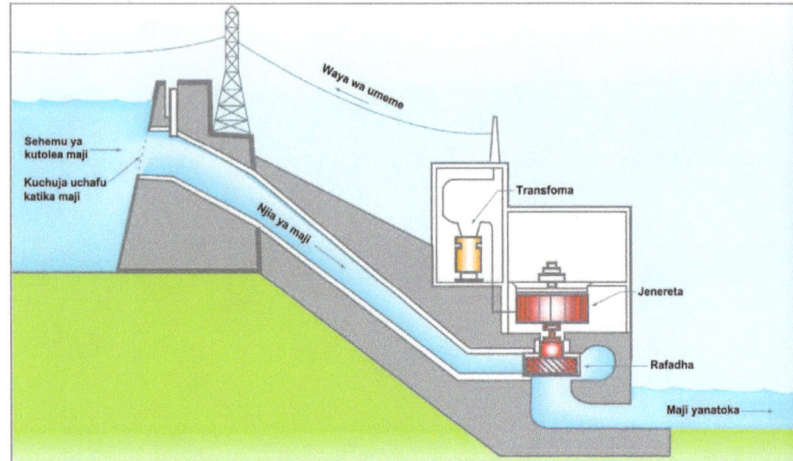

Mchakato wa kufua umememaji

Umeme hufuliwa kwa ajili ya matumizi mengi

Kuwasha taa mijini

Matumizi nyumbani

Kuwezesha mawasilano

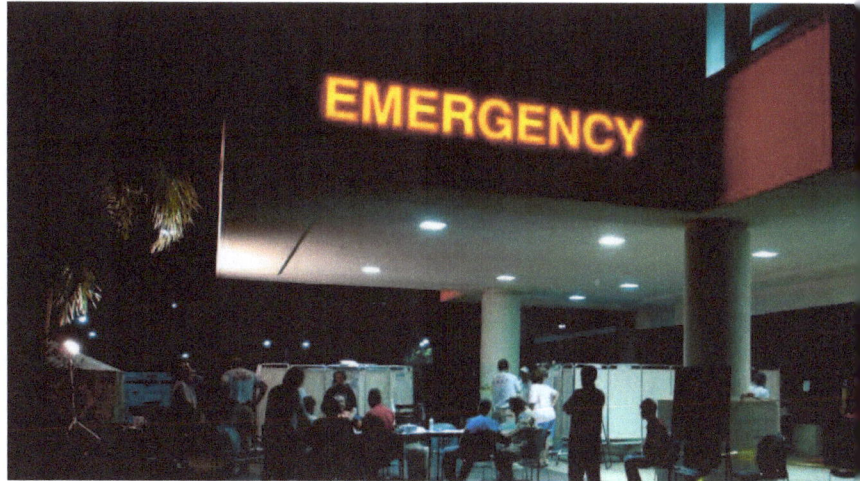

Matumizi hospitalini

Maji ardhini ni mengi kuliko maji kwenye mito na maziwa. Maji ya ardhini pia yanaweza kutumika kufua umeme. Maji ya ardhini yanayopita kwenye miamba ya joto huwa na joto sana. Mwamba huu ukitobolewa, mvuke unatokea unaweza kuzungusha rafadha, rafadha zikazungusha jenereta na kufua umeme.

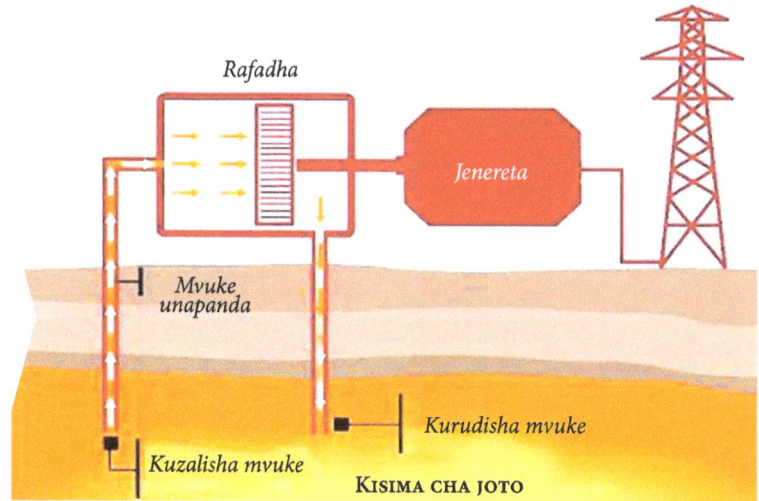

Uzalishaji umeme wa joto la maji ya ardhini

Uvuvi bila maji usingewezekana

Samaki huishi kwenye mito, maziwa na bahari. Samaki ni kitoweo na ni bidhaa. Kitendo cha kutoa samaki baharini, ziwani na mtoni huitwa kuvua. Mtu anayevua huitwa mvuvi. Kuna uvuvi mdogo unaotumia mgalawa, mashua, nyavu, ndoana, migono na madema.

Baadhi ya mitego ya asili ya kuvulia samaki

Vyombo vya asili vya kuvulia samaki vinaruhusu maji kuingia na kutoka. Maji na samaki huingia pamoja kwenye mitego na baadaye maji yanatoka yanabakiza samaki.

Uvuvi mkubwa hutumia meli kubwa za kuvulia na huuza samaki kwenye viwanda vya kusindika samaki. Kuna kiwanda vya kusindika samaki Mwanza.

Meli ya kuvulia samaki

Safari kwa meli

Maji yametumika kwa usafiri tangu enzi na enzi. Kuna vyombo vingi vya usafiri majini. Vyombo hivi huelea juu ya maji. Vimetengenezwa kwa mbao na huendeshwa kwa kasia au matanga. Meli na boti huendeshwa kwa injini. Baadhi ya vyombo ni mtumbwi, ngalawa, mashua, jahazi, boti na meli.

Boti

Jahazi

Meli

Maji yanatupa burudani safi

Burudani nyingi zinahusiana na maji. Kuogelea hufanywa ufukweni kwenye mabawa au kandokando ya mito, vijito, maziwa au bahari. Watu wengine huvua kwa kujiburudisha.

Akwaria

Akwaria ni mahali ambapo samaki, mimea midogomidogo ya majini na wanyama kama pomboo hutunzwa na kustawishwa. Akwaria huburudisha watazamaji.

Akwaria ya nyumbani

Michezo ya maji inasisimua wengi

Kuteleza kwenye maji

Kuteleza kwenye th

Kupiga kasia

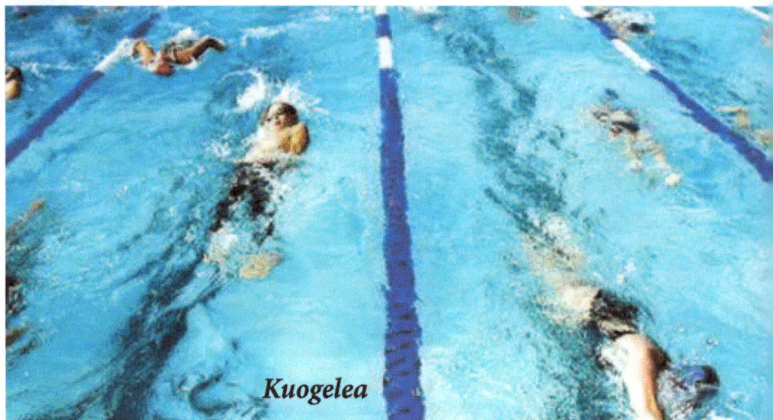
Kuogelea

Bila maji hakuna chakula

Kilimo kinahusisha shughuli za kulima na kufuga. Mara nyingi mimea inapata maji kutokana na mvua. Hata hivyo, wakati wa ukame tunahitaji umwagiliaji. Wakulima wadogo wanamwagilia kwa ndoo na mipira ya kumwagilia.

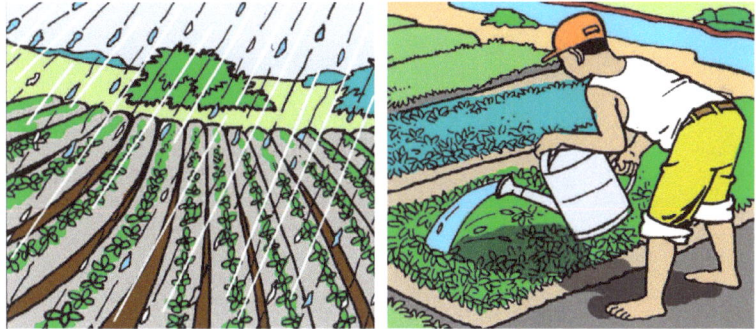

Kumwagilia katika ukulima mdogomdogo

Wakulima wakubwa wanamwagilia kwa mifereji na mashine zenye pampu.

Katika kilimo, maji yanahitajika kuchanganyia kemikali za kuua viatilifu, kuvu na vijidudu vinavyoshambulia mimea. Katika ufugaji, wanyama wanahitaji maji kunywa, kuogeshwa na kuchanganyia kemikai za kuua wadudu wanaoathiri wanyama.

Kumwagilia katika ukulima mkubwa

Majosho huchimbwa kuogesha wanyama. Kemikali za kuua wadudu kama kupe au viroboto huwekwa kwenye maji. Wanyama wanapopitisha kwenye josho wadudu hufa. Ufugaji wa samaki hufanywa kwenye mabwawa. Ili watu waweze kupata na kutumia maji wakati wowote, ni lazima tuyahifadhi na pia tuyasambaze. Nyumbani tunaweka maji kwenye mitungi, ndoo au pipa.

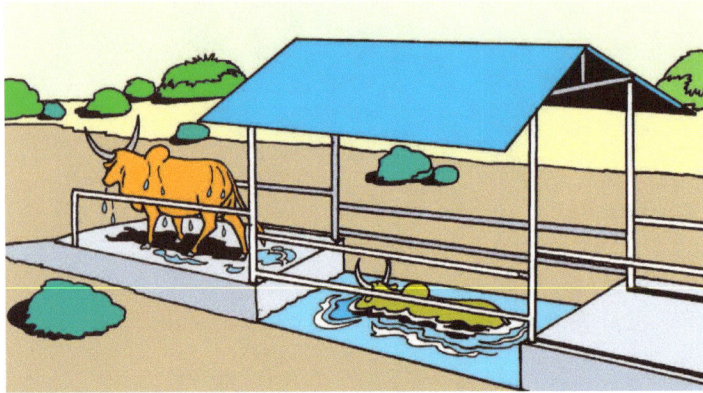

Josho

Tumia Kamusi

Rafadha, Umememaji, Akwaria, Kasia, Viatilifu, Josho, Lambo

Lambo la kunyweshea mifugo

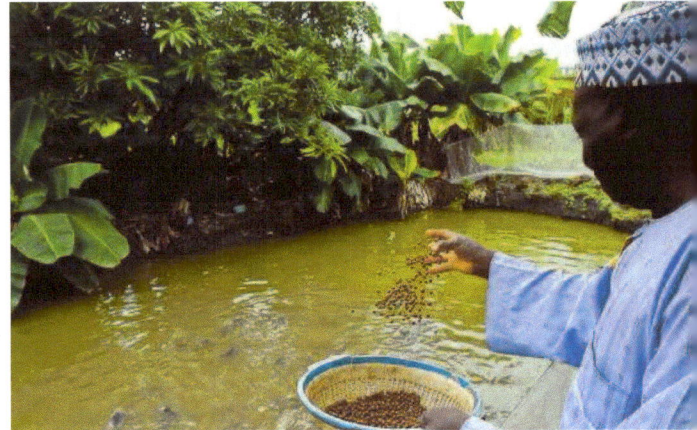

Bwawa la samaki wa kufuga

Tafadhali niletee maji

Sehemu kame au isiyokuwa na maji mengi wanatumia matanki na visima. Maji yanayotumika kwa kijiji au mji huhifadhiwa kwenye malambo na mabwawa. Lambo ni eneo kubwa la ardhi lililochimbwa kwa ajili ya kuhifadhi maji. Bwawa ni kizuizi kinachojengwa kwenye mto au kijito kuzuia maji kwenda kasi.

Kubeba maji kutoka chanzo cha maji kufika yanapotumiwa kunaitwa kusafirisha maji.

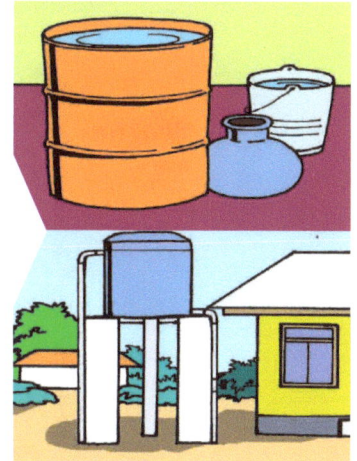

Lambo la maji ya kunywa

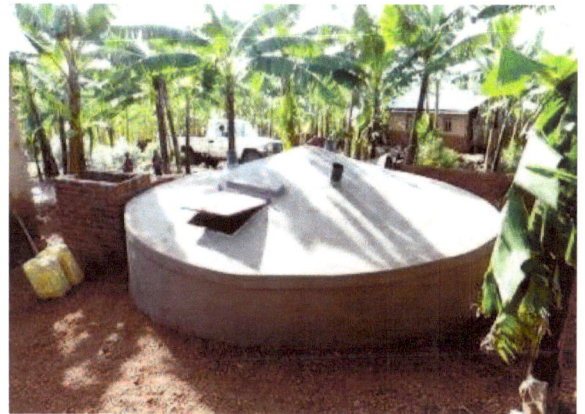

Kisima

Maji husafirishwa kwa mzega, kichwani, mkokoteni, baisikeli na gari. Magari maalumu ya kubeba maji hutumia mpira na pampu ya kuvutia maji.

Tunasambazaje maji mijini na vijijini?

Mara nyingine vyanzo vya maji viko mbali. Kwa hiyo maji husafirishwa kwa mabomba. Chanzo cha maji ya bomba huwa ni mto au ziwa.

Kwanza maji huingizwa kwenye bwawa. Maji ya bwawa huvutwa na kuingizwa kwenye tanki. Maji kwenye tanki yana *vunju.* Vunju ni chembechembe ndogo zinazoelea majini. Katika tanki maji huwekewa *shabu.*

Shabu hutakasa maji na kutuamisha tope linalobeba baadhi ya bakteria. Hatua inayofuata maji huvutwa kuingizwa kwenye tanki jingine. Tanki hili lina mchanga chini. Maji yakipita kwenye mchanga huo huchujwa.

Baada ya hapo, maji huvutwa na kuingizwa kwenye tanki la tatu ambapo gesi ya klorini hupitishwa. Klorini huua vijidudu ambavyo viko kwenye maji. Hatua hii huitwa *kuklorinisha.* Maji sasa ni safi, hivyo huvutwa na kuingizwa kwenye tanki la kutunzia maji. Tanki hili huwekwa juu ili kuweza kusambaza maji kwa nguvu ya graviti. Kutoka kwenye tanki hili maji husambazwa kwenye vijiji, miji na jinini kupitia mabomba makuu na mabomba sambazaji.

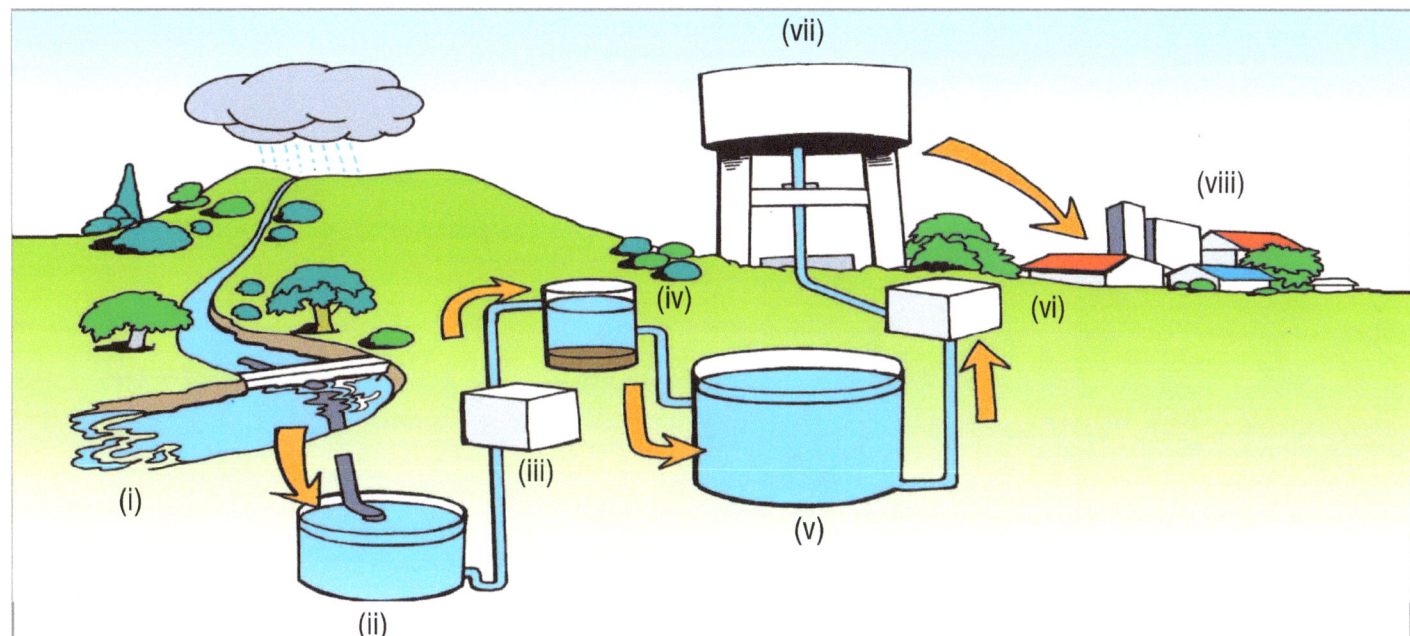

Hatua za usambazaji

(i)   Bwawa
(ii) Tanki ambalo maji uwekewa shabu
(iii) Pampu
(iv) Taki la kuchujia maji lenye mchanga chini
(v)   Taki la kuklorinisha
(vi) Pampu
(vii) Taki la kuhifadhia maji safi
(viii) Makazi

Tunatumia maji kuzima moto

Zimamoto wana magari makubwa yenye maji. Zimamoto hunyunyizia maji kwenye kuta za karibu na moto unapoungua ili kupunguza joto. Joto likipungua moto huzimika.

Kizimamoto

Chunguza:

Sehemu gani katika nyumba kizima moto huwekwa

Tunatumia aina kadhaa za maji ambazo ni: maji safi na salama, majichumvi, masichumvi, majimenyu, maji magumu na maji laini.

Maji safi

Maji safi hayana taka. Aghlabu ni mang'avu. Mara nyingi maji tunayochota si safi. Ili kufanya maji yawe safi tunayasafisha kwa njia mbalimbali.

Tunayaweka kwenye chombo yanatulia

Tunayachuja

Maji safi yanaweza kuwa na chumvi zilizomumunyika ndani yake. Pia yanaweza kuwa na vijidudu vinavyoweza kutupa maradhi. Maji safi yanafaa kupikia, kufulia na kuoshea vyombo, lakini hayafai kunywa.

Tunayawekea shabu kuondoa uchafu uliobaki

Je, maji safi ni yapi?

Maji Salama

Maji salama ni maji ambayo ni safi na hayana vijidudu vya maradhi. Maji salama yanafaa kunywewa. Tunafanya maji yawe salama kwa kuyasalamisha. Kuna njia mbili za kusalamisha maji ambazo ni kuchemsha na kuchuja na kuweka kemikali. Siku hizi, maji salama yanatengenezwa viwandani.

Kuchemsha na kuchuja

Kuchemsha

Kuacha yapoe

Hadhari:

Usinywe maji ambayo siyo salama.

Kuyachuja

Kuyahifadhi kwenye chombo safi

Kuyanywa

Kuyaweka kemikali

Kemikali zenye asili ya klorini na iodini huua vijidudu.

Majichumvi

Bahari zina maji ya chumvi kwa asilimia 20 -30. Miamba ya nchi kavu ina chumvi. Mvua ikinyesha inammunya chumvi hiyo. Maji ya mvua yanaingia kwenye mito. Mito inabeba chumvi hiyo mpaka baharini.

Baharini, maji yanavukizwa. Maji yakivukizwa mmumunyo wa chumvi baharini unakolea. Majichumvi ni muhimu sana kwa viumbehai. Ni maskani ya samaki, kaa, chaza na pweza. Pia bahari ni makazi ya nyangumi, pomboo na sili, mimea ya baharini kama vile mwami na plankitoni. Plankloni ni mimea na wanyama wadogo sana waishio majini.

Samaki

Nyangumi

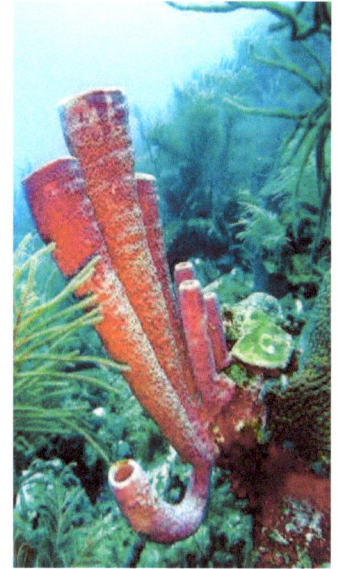
Mimea ya baharini

Tunaweza kupata chumvi kutoka maji ya chumvi. Mabwawa ya chumvi yanajengwa ufukweni sehemu ambayo maji yanakupwa na kujaa. Maji yanapojaa yanajaza maji kwenye mabwawa hayo. Mabwawa yakijaa yanafungwa. Maji kwenye bwawa yanaachwa ili yavukizwe na joto la jua na kubakiza chumvi. Chumvi huchotwa na kuwekwa madinijoto.

Kugomboa chumvi kutoka maji ya baharini

Masichumvi

Mito, maziwa na vijito vina maji ambayo hayana chumvi. Maji haya yanaitwa *masichumvi.* Masichumvi yanafaa kutumika kwa binadamu na wanyama. Masichumvi ni muhimu kwa viumbehai. Ni maskani ya samaki, vyura, viboko, mamba na mimea kama magugumaji na yungiyungi.

Mamba huishi katika masichumvi

Tumia Kamusi

- Vunju
- Shabu
- Klorini
- Iodini

- Majichumvi
- Masichumvi
- Plankitoni
- Mwami

Wanyama hunywa masichumvi

Yungiyungi

Maji menyu

Maji menyu ni maji yasiyochanganyika na dutu nyingine yoyote. Maji menyu yanapatikana kwa kuvukiza maji yenye chumvichumvi na baadaye kuyaoevusha. Mchakato huu huitwa *kukeneka.* Maji menyu hutumika hospitalini kuchanganyia dawa. Dripu wanazowekewa wagonjwa hutengenezwa kutumia maji menyu. Betri za gari, pia huongezwa maji menyu.

Maji magumu

Kuna aina mbili za ugumu wa maji. Kuna ugumu wa muda na ugumu wa kudumu. Maji magumu ni maji yasiyotengeneza povu kwa haraka. Maji magumu yana chumvichumvi za kalisi na magnesi. Chumvi hizi hupambana na sabuni na kutengeneza koya badala ya povu. Maji mengi ya visima ni maji magumu. Maji magumu hutokea wakati maji ya mvua yanapopenya ardhini na kumumunya chumvi za kalisi na magnesi zilizomo kwenye miamba.

Maji magumu

Je, wajua?

Chumvi zinazofanya maji yawe magumu ni:
- Kalisi salfati
- Kalisi kloridi
- Kalisi nitirati
- Kalisi hidrogenikabonati
- Magnesi salfati
- Magnesi kloridi
- Magnesi nitrati
- Magnesi hidrogenikabonati

Je, unajua athari za maji magumu?

- hayatengenezi povu na sabuni,
- hufubaza nguo,
- huweka madoa kwenye vyombo vya alumini na glasi
- hutengeneza utando kwenye mwili unapooga.

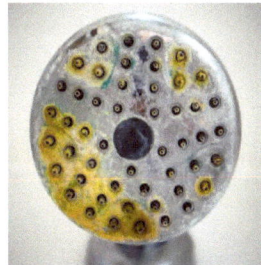

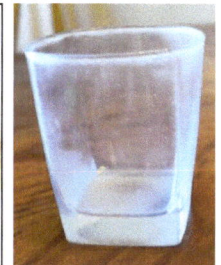

Tufanye nini maji magumu yawe laini?

- **Tuyachemshe**
  Kuchemsha huondoa ugumu wa muda kwa kuharibu chumvi za kalisi hidrogenikabonati au magnesi hidrogenikabonati. Chumvi hizo zikiharibika hutengeneza kalisi kabonati au magnesi kabonati ambayo hutuama kwenye chombo.

- **Tuweke kemikali**
  Kuna kemikali ambazo huondoa ugumu kwenye maji. Kemikali hizo hupambana na chumvi za magnesi na kalisi na kutengeneza chumvi isiyomumunyika. Chumvi hiyo hutuama chini. Njia ya kemikali huondoa ugumu wa aina zote.

- **Tukeneke maji**
  Kukeneka huondoa ugumu wa aina zote. Maji yaliyokenekwa ni laini na menyu.

Maji laini

Maji laini hutengeneza povu la sabuni kwa urahisi. Maji laini hayana chumvi ya kalisi na magnesi. Maji laini yanafaa kunywa, kufulia, kuogea na kuoshea vyombo. Maji laini ni maangavu.

Maji laini   *Maji magumu*

Tofauti ya maji laini na maji magumu.
Unafikiri maji laini ni yapi?

Maji, maji bila kikomo

Mzunguko wa maji ni mchakato asili unaorudisha maji kwenye mazingira bila kikomo. Vyanzo mbalimbali huvukizwa na mvuke kupanda juu angani ambako huoevushwa na kunyesha kama mvua. Kuna mizunguko ya maji ya aina mbili, mzunguko wa maji katika mizazi na mzunguko wa maji ardhini.

Mzunguko katika mizazi

Mzunguko wa maji katika mizazi una hatua tatu ambazo ni: unyevu kuingia hewani, unyevu kuoevushwa na mvua kunyesha. Unyevu kuingia katika mizazi kwa kuvukiza maji kwenye mito, maziwa na bahari. Maji huvukizwa na joto la jua.

Unyevu kuoevishwa
Unyevu hupanda juu hewani na kukutana na tabaka la hewa baridi ambapo huwa matone ya maji yaliyoganda.

Kunyesha
Vitone vilivyoganda juu angani hujikusanya na kuwa mawingu. Vitone katika mawingu huendelea kuungana na kujikusanya mpaka yanakuwa mazito sana. Mwishowe huanguka ardhini kama theluji kama halijoto ni baridi sana au kama mvua kama hewa ina joto. Mara nyingine theluji au mawe ya mvua hunyesha. Maji haya huingia mitoni, ardhini, huvukizwa, na mzunguko huendelea bila ukomo.

Mzunguko wa ardhini

Mvua, theluji au mvua ya mawe inaponyesha, kiasi cha maji hupenya ardhini. Udongo na miamba hupitisha maji. Chini sana kuna mwamba mgumu ambao haupitishi maji. Katika mwamba huo maji hutuama na kutengeneza kina. Kina hiki huitwa *mvilio.*

Maji ya ardhini yanaweza kujitokeza juu ya ardhi kama chemchemi au kisima. Maji ya chemchemi yanaweza kutiririka kwenye vijito. Vijito vikaingia mtoni. Mito huingia kwenye maziwa na bahari. Maji hayo yanavukizwa na kuingia hewani.

Hata hivyo, mzunguko wa maji ya ardhini unaungana na mzunguko wa juu ya ardhi na kuingia katika mizazi na mzunguko kuendelea.

mvua kunyesha

mvuke kuoevushwa

ugemkaji

uvukizwaji wa maji

maji ya juu ardhi

maji ya ardhini

bahari au ziwa

Tumia Kamusi

KAMUSI

- Maji magumu
- Maji menyu
- Kalisi
- Magnesi,

Mzunguko wa maji juu na chini ya ardhi

Maajabu yanayotokea katika maji

Mawimbi hutengeneza mawimbi

Mawimbi ni matutamatuta yanayojongea juu ya uso wa kioevu, kitu yabisi au gesi. Kitu chochote kikigusa uso wa maji mawimbi hutokea. Mawimbi husababishwa na mitetemo. Kuna aina mbili za wawimbi: mawimbi mkingamo na mawimbi mtambaa. Mawimbi haya kwenye maji hutokea kwa pamoja.

mawimbi mkingamo

mawimbi mtambaa

Wimbi mkingamo

Wimbi mtambaa

Wimbi katika uso wa bahari

Mawimbi ya bahari husababishwa na upepo. Ukubwa wa mawimbi ya bahari hutegemea kasi ya upepo, muda ambao upepo unavuma na umbali wa upepo unaovuma. Upepo ukivuma kwa kasi sana, kwa muda mrefu na kwa umbali mrefu, husababisha mawimbi makubwa sana.

Mawimbi kama hayo yakijitokeza yanaweza kwenda umbali mrefu sana. Pia, yanaweza kusababisha tufani na vimbunga. Upepo ukiacha kuvuma mawimbi yanaacha kutengenezwa na bahari inakuwa shwari.

Wimbi kubwa la Tsunami. Linganisha urefu wa wimbi na hayo majengo marefu

Baadhi ya madhara yanayosababishwa na tsunami

Mawimbi ya bahari yanaweza kusababishwa pia na volkano iliyotokea chini ya bahari. Mawimbi makubwa kama hayo yanaitwa **Tsunami.** Mawimbi ya Tsunami husafiri umbali mrefu na kusababisha maafa makubwa. Tsunami ni janga la asili lenye madhara makubwa katika mazingira ya kuishi ya binadamu.

Mawimbi huathiri fukwe. Yanaweza kuleta mmomonyoko au kuleta taka kwenye fukwe.

Ufukwe ulioathiriwa na mawimbi

Kupwa na kujaa kwa bahari

Maji ya bahari hupwa na kujaa. Kupwa na kujaa ni athari ya wimbi refu lenye urefu wa maelfu ya kilometa, lakini lenye kimo cha kama mita 2 tu. Mtia wake unapofika ufukweni, ndiyo bahari huonekana kujaa.

Bahari kujaa

Baadaye, bonye lake likifika ufukweni, ndiko bahari kupwa.

Kupwa na kujaa husababishwa na mvutano kati ya dunia, mwezi na jua. Mwezi uko karibu na dunia, kwa hiyo, mvutano wake upande wa dunia ni mkubwa kuliko upande ulioko mbali upande wa jua. Uvutano huu husababisha maji kuvutwa upande wa mwezi na kusababisha mtokezo upande huo. Huko ndiko bahari hujaa. Mtokezo mwingine hutokea upande wa pili wa dunia kwa sababu ya inesha.

Inesha ni hali ambayo kitu kilichoko kwenye mwendo kutotaka kusimama, na kilichotulia kutotaka kuwa kwenye mwendo.

Kwa kuwa dunia hujizungusha kwenye mhimili wake, kupwa na kujaa hujitokeza sehemu zote za dunia.

Kuna wakati dunia, mwezi na jua huwa kwenye mstari mmoja. Maji yanajaa sana. Hii inaitwa maji makuu au *bamvua.* Bamvua inasababishwa na mwezi na dunia kuvuta kwa pamoja.

Kuna wakati dunia na mwezi vinakaa kwenye pembemraba. Maji hayajai sana. Haya yanaitwa *majimafu.* Majimafu yanasababishwa na mwezi na jua kuvuta maji katika nyuzi 90^0.

Bahari kupwa

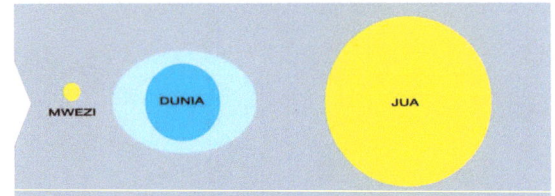

Mwezi na jua vinavuta maji ya bahari pande kinzani

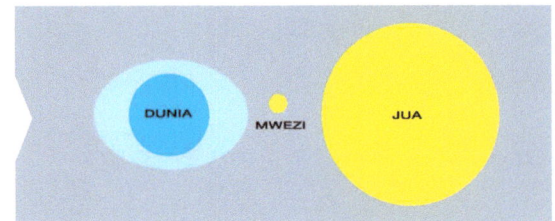

Mwezi na dunia vinavuta maji ya bahari upande mmoja, maji yanajaa sana

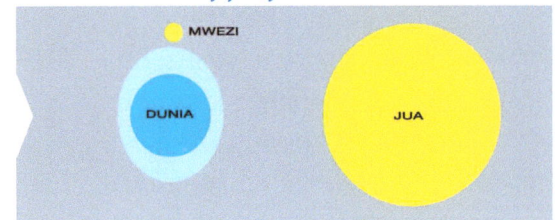

Mwezi na jua vinavuta maji ya bahari nyuzi 90 na kusababisha majimafu

Istilahi

Asidi asetiki	Asidi itokanayo na kutenganisha bakteria na kimea kilichoanza kuchachuka.
Bamvua pia Majimakuu	Maji ya bahari kujaa sana na kupwa sana! Bamvua hutokea wakati wa mwezi wandamo au mwezi mpevu.
Denziti	Ni kizio cha msongamano wa chembechembe kwenye kitu! Msongamano mkubwa wa denziti kubwa! Msongamano mdogo wa kitu una denziti ndogo.
Giligili	Kioevu au gesi ya aina yoyote. Giligili hutiririka.
Halijoto	Kiwango cha ujoto au ubaridi, kinachopimwa kwa digirii sentigredi, fahrenheiti au kelvini.
Higromita	Ala ya kupimia unyevu angani.
Jaketiokozi	Vazi linalovaliwa sehemu ya juu ya mwili kama koti,ambalo linazuia mtu asizame majini.
Jotofiche	Joto linalotumika kubadili hali ya maada, kwa mfano kuganda au kuvukizwa.Jotofiche likitwaliwa huwa halijoto ya maada na haibadiki.
Kioevu	Pia hujulikana kama kimiminiko. Ni kitu choochote kinachomiminika kama vile maji,maziwa na damu.
Kizingiti cha mchemko	Halijoto la kioevu wakati wa kuchemka.
Kizingiti cha mgando	Halijoto la kioevu wakati wa kuganda.
Kuvu	Mifano ya kuvu ni uyoga na ubwiri. Fangi. Ubwiri ni ugonjwa wa mimea wenye rangi ya kijivu. Kuvu inayoota kwenye mikate au viazi huitwa ukungu.

Majikujaa	Kujongezeka kwa maji ya bahari kwa kawaida.
Majikupwa	Kupungua kwa maji ya bahari kwa kawaida.
Majimafu	Maji ya bahari kujaa kidogo sana na kupwa kidogo sana!
Mmumunyo	Tokeo la kuchanganya kimumunywa na kimumunyishi.
Mtambaamaji	Mdudu anayetembea juu ya maji.
Mwamba	Pao nene ya mbao, metali au zege lililolala au kukingama na dari ili kushikilia dari.
Mwimo	Nguzo ya zege.
Nyuzijoto	Kizio cha kupimia joto huwa kwenye digirii sentigredi, fahrenheiti au kelvini.
Oevusha	Kubadili gesi kuwa kioevu.
Oksidi hidrati	Okisidi ni muunganiko wa oksijeni na elementi yeyote.Oksidi hidrati ni oksidi iliyounganika na maji kikemikali.
Pande kinzani	Pande zinazopingana.
Sharabu	Kufyonza au kunyonya kioevu, joto, sauti, nk
Siki	Mmumunyo wa 3-6% wa asidi asetic katika maji. Siki hutumika kuongeza ladha katika chakula.
Tsumami	Ni mfululizo wa mawimbi makubwa yanayosababishwa na kuhamisha maji mengi baharini. Tsunami inaweza kusababishwa na tetemeko la ardhi, mlipuko wa volkano, milipuko ya chini ya maji (kama ya majaribio ya nuklia), maporomoko ya ardhi, kumeguka kwa barafuto na dharuba ya vimondo.
Ufukwe	Maji ya bahari yanapokomea.
Ukapilari	Upandaji wa kioevu kwenye neli nyembamba.
Vukiza	Kugeuza kioevu kuwa mvuke bila kufikia kizingiti cha mchemko.
Wimbi mkingamo	Wimbi ambalo chembechembe za media huenda juu na chini, zikiwa pembe mraba na welekeo wa wimbi.
Wimbi mtambaa	Wimbi ambalo chembechembe za media huenda mbele na nyuma, kufuata pitio la wimbi.

www.ingramcontent.com/pod-product-compliance
Lightning Source LLC
Chambersburg PA
CBHW052054190326
41519CB00002BA/220